◆はじめに

定期テスト及び共通テストのためのまとめノートである。参考書でも問題集でもない。単語が並んでいるだけである。単語を見たら内容を即時想起できるように訓練しておくべし。拡大コピーして完了項目の「□」をチェックすることで必要部分を効率的に見直せる。テスト前5分ですべてが思い出せれば、あとは運だ。なお排列は教科書順を崩し、敢えて物質ジャンルごとに組み直している。またこれは、勉強を始める前に単語を無味乾燥に覚えるためにも使える。単語さえ聞いたことあれば、予習なしの授業も少しは楽になろう。なお本書は自由に複製できる。知人にコピーしても授業で使ってもネットにあげても P2P で拡散しても、すべて勝手にやって構わない。200円という値段は単なる印刷費である。グッドラック！

理論

原子・分類

- □ 原子量、分子量、式量、物質量、アボガドロ定数 $N_{\mathrm{A}} = 6.022 \times 10^{23}$ /mol
- □ 相対質量：^{12}C が基準
- □ 物質：純物質（1種類の物質から成るもの）＋混合物（2種類以上の物質から成るもの）
- □ 純物質：単体（1種類の元素から成る物質）＋化合物（2種類以上の元素から成る物質）
- □ 物質の分離・精製：蒸留、ろ過、吸引ろ過、抽出、再結晶法、昇華法、クロマトグラフィー
- □ 同素体
  - ▷ C：ダイヤモンド、黒鉛（グラファイト）、フラーレン
  - ▷ O：O_2（酸素）、O_3（オゾン）
  - ▷ P：P_4（黄リン）、P_x（赤リン）
  - ▷ S：S_8（斜方硫黄：常温で安定）、S_8（単斜硫黄）、S_x（ゴム状硫黄：CS_2 に不溶）
  - ▷ Fe：フェライト（α 鉄、体心立方格子）、オーステナイト（γ 鉄、面心立方格子）、デルタフェライト（δ 鉄、体心立方格子）
- □ 同位体（アイソトープ）、中性子数、放射性同位体（ラジオアイソトープ）、α 壊変、β 壊変、γ（ガンマ）壊変、炭素年代測定
- □ 同位体効果：水素の同位体に顕著
- □ 電子殻、K軌道、オクテット則、電子の最大収容数 $=2n^2$、s 軌道、p 軌道、d 軌道
- □ 古代ギリシャ：原子説（デモクリトス）、四元素説（アリストテレス）
- □ 近代：原子説（ドルトン）、分子説（アボガドロ）

周期表と各列

- □ 周期表：メンデレーエフ、周期、族、典型元素、遷移元素
- □ アルカリ金属、アルカリ土類金属、ハロゲン、貴ガス（希ガス）
- □ 覚え方：水兵リーべ僕の船 7 曲がるシップス クラークか
- □ 周期表の性質（3族から12族を除いたものに適用可能）
  - ▷ 原子半径：右側ほど小、貴ガスは例外的に大、下側ほど大
  - ▷ 第一イオン化エネルギー：右上ほど大、最大は He、小さいほど陽イオンになりやすい
  - ▷ 電子親和力：ハロゲンで最大、Cl > F > Br
  - ▷ 電気陰性度：右上ほど大、貴ガスの値はなし

結晶と力

- □ 電気陰性度：極性分子、無極性分子、双極子モーメント、ケテラーの三角形
- □ イオン結晶：組成式で表す、硬いが割れやすい（劈開（へきかい））、融点は一般に高い（300°C〜2500°C）、水に溶けやすいものが多い、電気伝導性：固体 ×、融解液（ゆうかいえき）（液体）○、水溶液 ○

□ イオン結晶の構造：塩化ナトリウム型（6 配位）、塩化セシウム型（8 配位）、閃亜鉛鉱 (ZnS) 型（4 配位）

□ 共有結合、配位結合

□ 分子間力、ロンドンの分散力

□ ファンデルワールス力：似た構造では分子量が大きいほど強い、同じ分子量では表面積が大きいほど強い

□ 静電気的な引力：分子量がほぼ同じの場合は極性分子の方が沸点が高い

□ 水素結合：F, O, N (×Cl)

□ 分子結晶：分子式で表す、融点・沸点は低い、電気を導かない、昇華するものがある：ヨウ素 (I_2)、ナフタレン ($C_{10}H_8$)、二酸化炭素 (CO_2)、ヒ素 (As)

□ 共有結合の結晶：組成式で表す、硬い（黒鉛は例外）、電気を導かない（黒鉛は導く）、融点は高い（Si：1410°C、ダイヤモンド：約 4000°C）

□ 主な物質：ダイヤモンド (C)、黒鉛 (C)、ケイ素 (Si)、二酸化ケイ素 (SiO_2)、炭化ケイ素 (SiC)

□ 金属結晶：組成式で表す、金属光沢、電気伝導性（Ag が最も高い）、熱伝導性（Ag が最も高い）、展性（Au が最も大きい）、延性（Au が最も大きい）、融点は幅広い（最低は Hg の −39°C、最高は W の 3410°C）、遷移金属（除ランタノイド・アクチノイド）に限ると、Ag（銀）962°C ～W 3410°C、典型金属に限ると、Hg −39°C ～Be（ベリリウム）1278°C

□ 金属結晶の構造：体心立方格子（8 配位）、面心立方格子（12 配位、最密充填）、六方最密構造（12 配位、最密充填）

□ 充填率（面心・六方 74 %、体心 68 %）、格子定数、限界イオン半径比

□ 分子の形状：正四面体形、三角錐系、折れ線形、直線形、原子価殻電子対反発則（VSEPR 則）

□ 不対電子、共有電子対、非共有電子対（孤立電子対）

状態変化・化学法則・気体

□ 化学の基本法則

- ▷ 質量保存の法則（ラボアジエ、1774 年）
- ▷ 定比例の法則（一定組成の法則、プルースト、1799 年）例：水は製法によらず水素と酸素の質量比は 1:8
- ▷ 倍数比例の法則（倍数組成の法則、ドルトン、1803 年）例：CuO と Cu_2O において一定量の酸素と化合する銅の質量は簡単な整数比 (1:2) で表せる
- ▷ 気体反応の法則（反応体積比の法則、ゲーリュサック、1808 年）
- ▷ アボガドロの法則（アボガドロ、1811 年）

□ 熱運動、絶対温度 (K)、0°C = 273 K が基準、すべての物質は温度と圧力により「物質の三態」（固体、液体、気体）をもつ

□ 物質の状態変化：融解、蒸発、凝固、凝縮、昇華、凝華

□ 物質の状態図：蒸気圧曲線、融解曲線、昇華圧曲線、三重点（水は 0.01°C、0.006 気圧）、臨界点、超臨界状態、超臨界流体

□ 水の融解曲線は左上がり

□ 二酸化炭素の超臨界流体は、コーヒー豆からのカフェインの抽出などに使われている

□ 気液平衡、固液平衡

□ シュリーレン現象

□ 気体：アボガドロの法則（同温・同圧・同体積の気体中には同数の分子が含まれる）、標準状態 (0°C, 1013 hPa = 1.013×10^5 Pa) では 1 mol あたりの体積は 22.4 L（25°C = 298K, 1.0×10^5 Pa では 24.8 L）

- □ 1気圧（1atm） $= 760$ mmHg $= 1.013\times10^5$ Pa
- □ トリチェリーの真空
- □ ボイルの法則（温度一定）＋シャルルの法則（圧力一定）→ボイル・シャルルの法則：$\frac{PV}{T}$ は一定
- □ 気液平衡、飽和蒸気圧
- □ ドルトンの分圧法則
- □ 理想気体、実在気体
- □ 理想気体の状態方程式：$PV=nRT$
- □ ファンデルワールスの状態方程式：$(P'+\frac{an^2}{V'^2})(V'-nb)=nRT$、a は分子間力、b は分子の体積の補正因子
- □ 圧縮因子 $Z=\frac{PV}{nRT}$：高温低圧で 1（理想気体）に近づく
- □ ドルトンの分圧法則
- □ ヘンリーの法則：溶解度の小さい気体で成り立つ（HCl や NH_3 では成り立たない）
- □ ラウールの法則
- □ 蒸気圧降下（圧力計の水面は上昇）、凝固点降下
- □ 凝固点降下のため溶液の冷却曲線は右下がり、過冷却、共晶

液体・酸と塩基

- □ 液体：質量パーセント濃度（$\frac{溶質の質量}{溶液の質量}\times100$〔%〕）とモル濃度（$\frac{溶質の物質量}{溶液の体積}$〔mol/L〕）と質量モル濃度（$\frac{溶質の物質量}{溶媒の質量}$〔mol/kg〕）※質量モル濃度は沸点上昇・凝固点降下で使用
- □ 極性溶媒、無極性溶媒
- □ 溶媒和、水和
- □ 浸透圧：水と水溶液を半透膜（通過可能物質は膜により異なる）で仕切ると水溶液側の液面が高くなる、液面差が浸透圧に相当
- □ ファント・ホッフの浸透圧の法則：$\Pi V=nRT$ または $\Pi=cRT$
- □ 逆浸透：水と海水を逆浸透膜で隔て、海水側を加圧して淡水を得る
- □ コロイド：粒子の直径は 10^{-9}～10^{-7} m(1 nm～100 nm) 程度、濾(ろ)紙は通過するが半透膜（セロハンなど）は通過しない
- □ イオンや分子：粒子の直径は 10^{-10} m(0.1 nm) 程度、ろ紙も半透膜も通過
- □ 分子コロイド、分散コロイド、ミセルコロイド（会合コロイド）
- □ 真の溶液
- □ 分散系：分散媒、分散質
- □ 透析、チンダル現象、ブラウン運動、電気泳動、エアロゾル（あるいはエーロゾル、雲や霧）、ゾル、ゲル、キセロゲル
- □ 凝析：少量の電解質でコロイド粒子が沈殿する現象、凝析しやすいコロイドを疎水コロイドという、例：川の水に含まれる粘土が海水によって凝析してデルタを形成
- □ 塩析：多量の電解質を加えるとコロイド粒子が沈殿する現象、このようなコロイドを親水コロイドという、例：豆乳は塩析によって豆腐になる
- □ 保護コロイド：疎水コロイドに親水コロイドを加えると親水コロイドが疎水コロイドを取り囲み凝析が起こりにくくなる、例：墨汁は炭素粒子（疎水コロイド）と膠(にかわ)から成る保護コロイド
- □ 反応熱：化学反応において出入りする熱のこと、熱が発生する発熱反応と熱を吸収する吸熱反応がある
  - ▷ 燃焼熱：発熱のみ
  - ▷ 生成熱：発熱・吸熱の両方がある

▷ 溶解熱：発熱・吸熱の両方がある

▷ 中和熱：発熱のみ、約 56 kJ/mol

▷ 融解熱、蒸発熱、昇華熱：全て吸熱、大きさは同一の物質では 昇華熱 ＞ 蒸発熱 ＞ 融解熱

☐ 熱量 $Q=mc\Delta T$

☐ 熱化学方程式：左辺が反応系、右辺が生成系、反応熱は発熱が正で吸熱が負

☐ ヘスの法則、結合エネルギー、格子エネルギー

☐ ボルン・ハーバーサイクル

☐ (反応熱)=(生成物の生成熱の総和) − (反応物の生成熱の総和)=(生成物の結合エネルギーの総和) − (反応物の結合エネルギーの総和)

☐ 光化学反応：光合成 6CO2+6H2O → 6C6H12O6+6O2、ラジカル反応

☐ 化学発光 (化学ルミネッセンス)：炎色反応、ルミノール反応、生物発光

☐ 反応の速さ $v=\left|\frac{\Delta c}{\Delta t}\right|$ [mol/(L・s)]

☐ 反応速度式：$v=k[\mathrm{A}]^l[\mathrm{B}]^m$、比例定数 k は反応速度定数、$l+m$ は反応次数（実験から求める）

☐ 1 次反応、半減期

☐ 素反応、多段階反応、律速段階

☐ アレニウスの式

☐ 遷移（活性化）状態、活性化エネルギー、活性錯体（活性錯合体）

☐ 触媒：活性化エネルギーの小さな別の経路をつくり反応速度を大きくする、反応熱は不変

☐ 均一触媒、不均一触媒、酵素

☐ 酵素反応：ミカエリス・メンテンの式

☐ 不可逆反応、可逆反応、正反応、逆反応、平衡状態

☐ 化学平衡の法則：$a\mathrm{A}+b\mathrm{B}\rightleftarrows c\mathrm{C}+d\mathrm{D}$ において K（平衡定数）$=\frac{[\mathrm{C}]^c[\mathrm{D}]^d}{[\mathrm{A}]^a[\mathrm{B}]^b}$ が成り立つ（[A] は A の濃度）

☐ K_p(圧平衡定数) $=\frac{{P_\mathrm{C}}^c{P_\mathrm{D}}^d}{{P_\mathrm{A}}^a{P_\mathrm{B}}^b}$

☐ ルシャトリエの原理：温度・体積・圧力を変化させると、その影響をやわらげる向きに平衡が移動、式の左右の物質量が等しいときは圧力を変化させても平衡は移動しない、触媒は平衡に影響しない

☐ 平衡計算では平衡定数の式、物質収支の式、電荷均衡の式を連立する

☐ 電解質、強電解質、弱電解質、電離平衡、中和反応、塩の加水分解

☐ 強酸・強塩基の電離度は 1(完全電離)、以下電離度 α は 1 よりも十分小さいとする

☐ 電離度：$\alpha=\sqrt{\frac{K_\mathrm{a}}{c}}$

☐ イオン濃度：$[\mathrm{H}^+]=c\alpha=\sqrt{cK_\mathrm{a}}$

☐ 酸と塩基の定義：アレニウスの定義、ブレンステッド・ローリーの定義

☐ 共役な酸、塩基

☐ 酸の電離定数：$K_\mathrm{a}=\frac{[\mathrm{H}^+][\mathrm{A}^-]}{[\mathrm{HA}]}$、塩基の電離定数：$K_\mathrm{b}=\frac{[\mathrm{B}^+][\mathrm{OH}^-]}{[\mathrm{BOH}]}$

☐ 水のイオン積：$K_W=[\mathrm{H}^+][\mathrm{OH}^-]=1.0\times10^{-14}\ (\mathrm{mol/L})^2\ (25^\circ\mathrm{C})$

☐ 加水分解定数：$K_\mathrm{h}=\frac{K_\mathrm{W}}{K_\mathrm{a}}$ (酸の場合)

☐ $\mathrm{pH}=-\log_{10}[\mathrm{H}^+]$、$-\log_{10}a\times10^{-b}=b-\log_{10}a$

☐ 10 倍希釈：pH を 1 だけ 7 に近づける、希釈して pH が 6〜8 になるか pH 7 をまたぐ場合は水の電離も考える

☐ 主な強酸：H_2SO_4, HNO_3, HCl

☐ 塩の分類：正塩、酸性塩、塩基性塩 ※酸性・塩基性は水溶液の液性を表すものではない（例：

酸性塩 $NaHCO_3$ の水溶液は弱塩基性）

- □ 緩衝液：弱酸（弱塩基）とその塩の混合水溶液、少量の酸や塩基を加えても pH のあまり変化しない
- □ 中和滴定：pH 指示薬フェノールフタレイン (PP)、メチルバイオレット (MB)、メチルレッド (MR)、ブロモチモールブルー (BTB)
- □ 溶解平衡、共通イオン効果
- □ 溶解度積：$K_{sp} = [A^{n+}]^m[B^{m-}]^n$ = 一定 (温度一定のとき)
- □ 沈殿滴定：モール法
- □ 分配平衡、吸着平衡
- □ 酸化還元反応：酸化と還元は同時に起こる
- □ 酸化：酸素を得る、水素を失う、電子を失う・主な酸化剤：HNO_3, $MnO_4{}^-$, $Cr_2O_7{}^{2-}$, H_2O_2
- □ 還元：酸素を失う、水素を得る、電子を得る・主な還元剤：H_2S, $SnCl_2$, KI, SO_2
- □ ※ H_2O_2 は還元剤、SO_2 は酸化剤にもなる
- □ 酸化還元滴定：COD(化学的酸素要求量)
- □ イオン化傾向：Li>K>Ca>Na>Mg>Al>Zn>Fe>Ni>Sn>Pb>(H_2)>Cu>Hg>Ag>Pt>Au (リッチに借りよかな まあ あてにすな ひどすぎる借金)、標準電極電位
- □ 局部電池
- □ 電池
  - ▷ 負極では酸化反応、正極では還元反応
  - ▷ 正極活物質、負極活物質
  - ▷ ボルタ電池【(−) Zn ｜ H_2SO_4aq ｜ Cu (+)】分極、減極剤
  - ▷ ダニエル電池：【(−) Zn ｜ $ZnSO_4$aq ｜ $CuSO_4$aq ｜ Cu (+)】正極の濃度を大きく、負極の濃度を小さくすると起電力が長く保たれる
  - ▷ 鉛蓄電池：【(−) Pb ｜ H_2SO_4aq ｜ PbO_2 (+)】
    - ∗ 負極：$Pb + SO_4{}^{2-} \rightarrow PbSO_4 + 2e^-$
    - ∗ 正極：$PbO_2 + 4H^+ + SO_4{}^{2-} + 2e^- \rightarrow PbSO_4 + 2H_2O$
    - ∗ 放電により、両極板に難溶性の $PbSO_4$ を生じるため質量増加・硫酸濃度低下で鉛蓄電池の起電力は徐々に低下→外部電源の正極を鉛蓄電池の正極に、陰極を陰極に繋ぐことによって放電の逆反応が起こり充電
  - ▷ 一次電池：マンガン乾電池、アルカリマンガン乾電池、リチウム電池、酸化銀電池、空気電池、燃料電池
  - ▷ 二次電池：鉛蓄電池、リチウムイオン電池、ニッケル・カドミウム電池、ニッケル・水素電池
  - ▷ 物理電池：太陽電池

電気分解・精錬

- □ ファラデーの電気分解の法則、ファラデー定数、電気素量
- □ 電気量〔C〕= 電流〔A〕× 時間〔s〕
- □ 陽極では酸化反応、陰極では還元反応（電池の逆）
- □ Cu や Ag を陽極にすると陽極自体が溶解
- □ 電気めっき
- □ NaOH の製造（イオン交換膜法、隔膜法）
  - ▷ NaCl 水溶液を電気分解すると陽極で塩素が発生、陰極で水素が発生して OH^- が生じる
  - ▷ 陽極側の Na^+ が陽イオン交換膜を透過して陰極側に移動することで陰極側で NaOH が濃縮される

- □ Alの製錬（バイヤー法）
  - ▷ ボーキサイト（主成分 Al_2O_3）に濃 NaOH 水溶液を加え両性酸化物の Al_2O_3 を溶かし鉄などの不純物を沈殿除去：$Al_2O_3 + 2NaOH + 3H_2O \rightarrow 2Na^+ + 2[Al(OH)_4]^-$
  - ▷ 冷却加水で OH^- の濃度低下、平衡が右に移動し $Al(OH)_3$ が沈殿：$[Al(OH)_4]^- \rightleftarrows Al(OH)_3 + OH^-$
  - ▷ $Al(OH)_3$ を約 1200°C に加熱して Al_2O_3 へ：$2Al(OH)_3 \rightarrow Al_2O_3 + 3H_2O$
  - ▷ 溶融塩電解（ホール・エルー法）を利用（Al_2O_3（融点：約 2000°C）に氷晶石を加えて約 1000°C で融解）：$Al_2O_3 \rightleftarrows 2Al^{3+} + 3O^{2-}$
  - ▷ 炭素電極で電気分解すると陽極で CO と CO_2 が発生、陰極で Al が析出
- □ Cuの製錬
  - ▷ 黄銅鉱（主成分 $CuFeS_2$）をコークス (C) と石灰石 ($CaCO_3$) とケイ砂 (SiO_2) とともに溶鉱炉で約 1200°C で加熱：$4CuFeS_2 + 9O_2 \rightarrow 2Cu_2S + Fe_2O_3 + 6SO_2$
  - ▷ Fe_2O_3 はケイ砂と反応して $FeSiO_3$（鍰(からみ)）となりスラグとして分離
  - ▷ Cu_2S（鈹(かわ)）は転炉で高温の空気を吹き込み純度 99% の粗銅へ：$Cu_2S + O_2 \rightarrow 2Cu + SO_2$
  - ▷ 電解精錬（粗銅を陽極、純銅を陰極として硫酸酸性の硫酸銅（Ⅱ）水溶液中で電気分解）することで陰極で純銅（純度 99.99 %）を得る
  - ▷ 粗銅に含まれる不純物のうち、Cu よりイオン化傾向の大きい Fe や Ni は陰極では還元されず、イオン化傾向の小さい Au や Pt と水に不溶の $PbSO_4$ は陽極泥として沈殿
- □ Feの製錬：鉄鉱石（主成分 Fe_2O_3）をコークス (C) と石灰石 ($CaCO_3$) とともに溶鉱炉で還元して銑鉄(せんてつ)（4 % の炭素を含む）へ、鉄鉱石中の不純物 Si はスラグ ($CaSiO_3$) として回収、セメント原料に、銑鉄は転炉で高圧酸素を吹き込み、炭素を取り除き鋼(こう)となる
- □ 炭素含有量による呼称の違い
  - ▷ 軟鋼：炭素含有率~0.3%、軟らかいが粘り強い、融点が高い、鉄釘などに用いられる
  - ▷ 硬鋼：炭素含有量 0.3%~約 2%、硬いが軟鋼より脆(もろ)い、レールなどに用いられる
  - ▷ 鋳鉄(ちゅうてつ)：炭素含有量が約 2% 以上と高い、硬いが脆い、融点は鋼より低い
- □ 溶融塩電解（融解塩電解）はイオン化傾向の大きいアルカリ金属の単体の生成にも使われる

無機

元素の分類

- □ 典型元素：1, 2, 13 - 18 族、金属元素と非金属元素の両方がある
- □ 遷移元素：3 - 12 族、12 族は典型元素に分類されることもある、全て金属元素
- □ 超アクチノイド元素：104 番の Rf(ラザホージウム) 以降の元素、全て放射性元素

水素・貴ガス・ハロゲン

- □ H_2：無色、亜鉛や鉄に塩酸や硫酸を加えると発生、水上置換、可燃性、還元性、酸化数は +1、金属との水素化物でのみ酸化数は −1
- □ 貴ガス：18 族元素、単原子分子、価電子数は 0、He は全ての物質の中で一番沸点が低い (−269°C = 4 K)、Ar は大気中に 0.93 % 含まれる、Rn(ラドン)は最も重い気体（空気の約 8 倍）
- □ ハロゲン：17 族元素、有毒、高い反応性、強い酸化力
- □ F_2：常温で気体、淡黄色、水素とは冷暗所でも爆発的に反応、$2F_2 + 2H_2O \rightarrow 4HF + O_2$
- □ Cl_2：常温で気体、黄緑色、刺激臭、水素と混合し光を当てると爆発、$Cl_2 + H_2 \rightarrow 2HCl$、$Cl_2 + H_2O \rightleftarrows HCl + HClO$、漂白作用
- □ Cl_2 の製法：$MnO_2 + 4HCl \rightarrow MnCl_2 + 2H_2O + Cl_2$、発生した気体は水（塩化水素を取り除く）, 濃硫酸（水蒸気を取り除く）の順に通じる、さらし粉 ($CaCl(ClO)\cdot H_2O$)・高度さ

らし粉

- □ $(Ca(ClO)_2 \cdot 2H_2O)$ に塩酸を加える方法もある、下方置換（水によく溶けるため）、工業的にはNaCl水溶液の電気分解
- □ Cl_2 の検出：湿ったヨウ化カリウムデンプン紙が青紫色になる、青色リトマス紙が赤色（Cl_2 が水と反応してHClを生じる）になったあと漂白され白色になる
- □ Br_2：常温で液体、赤褐色、高温で水素と反応
- □ 酸化力：HF > HCl > HBr > HI
- □ HFは弱酸、HCl, HBr, HIは強酸
- □ 沸点：HF ≫ HCl < HBr < HI
- □ フッ化銀（水に可溶）、塩化銀（白色）、臭化銀（淡黄色）、ヨウ化銀（黄色）

酸素系

- □ O_2：無色、過酸化水素または塩素酸カリウムに触媒として二酸化マンガンを加えて加熱 $(2KClO_3 \rightarrow 2KCl + 3O_2)$、水上置換、液体酸素は淡青色で磁性を持つ
- □ 酸性酸化物（非金属の酸化物）、塩基性酸化物（金属の酸化物）、両性酸化物（両性金属の酸化物）

硫黄系

- □ H_2S：無色、腐卵臭、下方置換、可燃性、還元剤
- □ SO_2：無色、刺激臭、下方置換、漂白作用、還元剤、H_2S には酸化剤
- □ 硫酸の製法（接触法）
  - ▷ 硫黄または黄鉄鉱 (FeS_2) を燃焼して二酸化硫黄を得る：$S + O_2 \rightarrow SO_2$　$4FeS_2 + 11O_2 \rightarrow 2Fe_2O_3 + 8SO_2$
  - ▷ 酸化バナジウム（V）を触媒として三酸化硫黄を得る：$2SO_2 + O_2 \rightarrow 3SO_3$
  - ▷ 三酸化硫黄を濃硫酸に吸収して発煙硫酸にする：$SO_3 + H_2O \rightarrow H_2SO_4$
  - ▷ 発煙硫酸を希硫酸で薄めて濃硫酸を得る
- □ 濃硫酸：酸化作用、脱水作用、吸湿性
- □ 濃硫酸を薄める場合は水に少しずつ加えて薄める

窒素系

- □ N_2：無色、$NH_4NO_2 \rightarrow N_2 + H_2O$、水上置換、工業的には液体空気を分留して得る
- □ NH_3：無色、刺激臭、$NH_4Cl + Ca(OH)_2 \rightarrow CaCl_2 + 2H_2O + NH_3$、上方置換、赤色リトマス紙を青変、濃塩酸を近付けると塩化アンモニウムの白煙
- □ ハーバー・ボッシュ法（アンモニアの工業的製法）：$N_2 + 3H_2 \rightleftarrows 2NH_3$ (+ 92 kJ)
- □ 触媒は Fe_3O_4、低温ほど多くのアンモニアを得ることができるが反応速度が遅くなるため約500°Cで反応
- □ 硝酸：揮発性、強酸、酸化作用、光で分解するため褐色びんで保存 $(4HNO_3 \rightarrow 2H_2O + 4NO_2 + O_2)$
- □ オストワルト法（硝酸の工業的製法）

① 約800°Cで白金触媒を使いアンモニアを酸化：$4NH_3 + 5O_2 \rightarrow 4NO + 6H_2O$

② 冷却するとさらに酸化：$2NO + O_2 \rightarrow 2NO_2$

③ 水に吸収させて硝酸を得る：$3NO_2 + H_2O \rightarrow 2HNO_3 + NO$

▷（① + ② ×3 + ③ ×2）/4：$NH_3 + 2O_2 \rightarrow HNO_3 + H_2O$

その他非金属物質

- □ 黄リン：P_4、分子式、淡黄色、固体、発火点35°C、自然発火、可燃性、有毒
- □ 赤リン：P_x、組成式、暗赤色、固体、発火点260°C、可燃性、無毒：$4P + 5O_2 \rightarrow P_4O_{10}$

$P_4O_{10} + 6H_2O \rightarrow 4H_3PO_4$

□ CO：$HCOOH \rightarrow H_2O + CO$、水上置換、可燃性、還元性、石灰水とは反応しない

□ CO_2：$CaCO_3 + 2HCl \rightarrow CaCl_2 + H_2O + CO_2$、下方（水上）置換、常圧では昇華、石灰水を白濁

□ SiO_2：水晶、石英、ケイ砂、組成式で表す

□ シリカゲル（キセロゲル）の生成

▷ $SiO_2 + 2NaOH \rightarrow Na_2SiO_3$（水ガラス、組成式、ゾル）

▷ $Na_2SiO_3 + 2HCl \rightarrow 2NaCl + H_2SiO_3$（ケイ酸、組成式、ゲル、$SiO_2 \cdot nH_2O(0 < n < 1)$ とも表される）

▷ ケイ酸を加熱・乾燥することでシリカゲルを得られる

□ 有色気体：F_2（淡黄色）、Cl_2（黄緑色）、O_3（淡青色）、NO（赤褐色）

□ においのある気体：Cl_2、HF、HCl、NH_3、SO_2、NO_2（刺激臭）、O_3（特異臭）、H_2S（腐卵臭）

□ 上方置換：NH_3 のみ（HF は常温で二量体として存在するため不適）

□ 水上置換：H_2, O_2, N_2, NO, CO, CH_4, C_2H_2

□ 酸性の気体：Cl_2, HCl, SO_2, H_2S, NO_2, CO_2

□ 気体の乾燥剤

▷ P_4O_{10}：酸性の乾燥剤、塩基性の NH_3 には使えない

▷ 濃硫酸：酸性の乾燥剤、塩基性の NH_3 と還元性の H_2S、不飽和炭化水素（C_2H_2 など）には使えない

▷ $CaCl_2$：中性の乾燥剤、NH_3 とは $CaCl_2 \cdot 8NH_3$ となるため使えない

▷ シリカゲル：中性の乾燥剤

▷ CaO：塩基性の乾燥剤、酸性の気体には使えない

▷ ソーダ石灰 (CaO + NaOH)：塩基性の乾燥剤、酸性の気体には使えない

金属

□ アルカリ金属：水素を除く 1 族の元素 (Li（リチウム）, Na, K, Rb（ルビジウム）, Cs（セシウム）, Fr（フランシウム）)、灯油中に保存、Li, Na, K は水に浮く、Li は灯油にも浮く、炎色反応、単体や水素化物は水と激しく反応して水素を発生

□ NaOH：潮解性があるため湿気を避けて保存、強塩基

□ $Na_2CO_3 \cdot 10H_2O$：風解性（結晶水の一部を失う）、風解すると $Na_2CO_3 \cdot H_2O$ になる

□ アンモニアソーダ法（ソルベー法）：食塩と石灰石から炭酸 Na（ガラス原料）を製造

① 飽和食塩水にアンモニアを通じた後二酸化炭素を通じる：$NaCl + H_2O + NH_3 + CO_2 \rightarrow NaHCO_3 + NH_4Cl$

② $NaHCO_3$ を熱分解して Na_2CO_3 を得る：$2NaHCO_3 \rightarrow Na_2CO_3 + H_2O + CO_2$

▷ ②で発生した CO_2 は回収され①で再利用

▷ この時 Na_2CO_3 1 mol あたり CO_2 が 1 mol 減少するので不足分は石灰石を熱分解することで補う

③ $CaCO_3 \rightarrow CaO + CO_2$

④ ③で生成した CaO に水を加える：$CaO + H_2O \rightarrow Ca(OH)_2$

⑤ 得られた $Ca(OH)_2$ を①で生成した NH_4Cl と反応させることで NH_3 を回収して①で再利用：$2NH_4Cl + Ca(OH)_2 \rightarrow CaCl_2 + 2H_2O + 2NH_3$

▷ ① ×2 + ② + ③ + ④ + ⑤より $2NaCl + CaCO_3 \rightarrow Na_2CO_3 + CaCl_2$

□ アルカリ土類金属：2 族元素 (Be（ベリリウム）, Mg, Ca, Sr（ストロンチウム）, Ba（バリウム）, Ra（ラジウム）)、Be と Mg は除くことがある、

炎色反応、常温の水と活発に反応するため水気を避けて保存

□ Ca 系物質

▷ CaO：生(せい)石灰、乾燥剤

▷ $Ca(OH)_2$：消石灰、水溶液は石灰水、漆喰(しっくい)

▷ $CaSO_4 \cdot 2H_2O$：石膏(せっこう)

▷ $CaSO_4 \cdot \frac{1}{2}H_2O$：焼き石膏

▷ $CaCl_2$：乾燥剤、融雪剤（凝固点降下と溶解時の発熱による）

□ 石灰水と二酸化炭素の反応：$Ca(OH)_2 + CO_2 \rightarrow CaCO_3 + H_2O$

□ さらに二酸化炭素を通じると白濁が消える反応：$CaCO_3 + CO_2 + H_2O \rightarrow Ca(HCO_3)_2$

□ 上記逆反応によってつらら石（いわゆる鍾乳石(しょうにゅうせき)）や石筍(せきじゅん)が形成

□ さらし粉 ($CaCl(ClO) \cdot H_2O$)：酸化作用、漂白・消毒に用いられる、$Ca(OH)_2 + Cl_2 \rightarrow CaCl(ClO) \cdot H_2O$

□ 硬水：Mg^{2+} や Ca^{2+} を多く含む水、セッケンと反応して沈殿を生じるため泡立ちが悪くなる

□ $BaSO_4$：X 線検査（レントゲン写真）の造影剤

□ Be と Mg：炎色反応がない、常温の水と反応しない、水酸化物が水に溶けにくい、硫酸塩が水に溶けやすい

□ Al（アルミニウム）：両性金属、濃硝酸とは不動態をつくる

□ $2Al + 2NaOH + 6H_2O \rightarrow 2Na[Al(OH)_4] + 3H_2$

□ テルミット反応：Al の粉末と酸化鉄（Ⅲ）の粉末を物質量比 1:2（質量比約 1:3）で混合して点火すると多量の熱を発生しながら激しく反応して融解した鉄を得られる：$2Al + Fe_2O_3 \rightarrow Al_2O_3 + 2Fe$ (+ 852 kJ)

□ Zn（亜鉛）：両性金属、ZnS（白色）、ZnO（白色）は絵の具などの顔料に用いられる

□ Sn（スズ）：両性金属、SnS（褐色）、低温では構造が変化（β スズ→ α スズ）してぼろぼろになる（スズペスト）

□ トタン：Fe に Zn を鍍金(めっき)したもの、屋根などに使われる

□ ブリキ：Fe に Sn を鍍金したもの、缶詰などに使われる

□ Pb（鉛）：両性金属、塩は沈殿しやすい

□ Fe（鉄）：強磁性体、濃硝酸とは不動態をつくる

□ 赤さび：Fe_2O_3、湿った空気中で酸化されると生成

□ 黒さび：Fe_3O_4、高温の水蒸気を吹き付けることで生成、内部が酸化するのを防ぐ

□ Fe^{2+}（淡緑色）の検出：$+ NaOH \rightarrow Fe(OH)_2$（緑白色）、$+ K_4[Fe(CN)_6]$（ヘキサシアニド鉄（Ⅱ）酸カリウム）→青白色沈殿、$+ K_3[Fe(CN)_6]$（ヘキサシアニド鉄（Ⅲ）酸カリウム）→濃青色沈殿（ターンブルブルー）、$+ H_2S$（塩基性）→ FeS（黒色）、$+ H_2O_2 \rightarrow Fe^{3+}$（酸化される）

□ Fe^{3+}（黄(おう)褐色）の検出：$+ NaOH \rightarrow Fe(OH)_3$（赤褐色）、$+ K_4[Fe(CN)_6]$ →濃青色沈殿（紺青(こんじょう)）、$+ K_3[Fe(CN)_6]$ →暗褐色沈殿、$+ H_2S$（酸性）→ Fe^{2+}、$+ H_2S$（塩基性）→ FeS（黒色）、+ KSCN（チオシアン酸カリウム）→血赤色(けっせきしょく)

□ Co（コバルト）：強磁性体、塩化コバルト紙（青色）は水の検出に使われる（赤変する）

□ Ni（ニッケル）：強磁性体、濃硝酸とは不動態をつくる

□ Cu（銅）：炎色反応（青緑色）、Ag に次いで熱・電気伝導性が高い、CuO（黒色）、Cu_2O（赤色）は 1000°C 以上の高温で熱すると生成、希硫酸とは反応しない

□ Cu と酸

▷ Cu+2（熱濃）$H_2SO_4 \rightarrow CuSO_4 + 2H_2O + SO_2$（$H_2$ は発生しない）

▷ 3Cu+8（希）$HNO_3 \rightarrow 3Cu(NO_3)_2 + 4H_2O + 2NO$

▷ Cu+4（濃）$HNO_3 \rightarrow Cu(NO_3)_2 + 2H_2O + 2NO_2$

□ Ag（銀）：金属の中で最も熱・電気伝導性が高い、銅と同じく熱濃硫酸・希硝酸・濃硝酸と反応

□ $AgNO_3$ やハロゲン化銀は光によって分解するため褐色びんで保存

□ ハロゲン化銀は感光性 ($AgBr > AgCl > AgI$) を持ち写真のフィルムに使われる

□ Cr（クロム）：両性元素、濃硝酸とは不動態をつくる、Cr^{3+}（緑色）、$CrO_4{}^{2-}$（黄色）、$Cr_2O_7{}^{2-}$（赤橙色（せきとうしょく））

□ $Cr_2O_7{}^{2-}$ は酸化剤 ($Cr_2O_7{}^{2-} + 14H^+ + 6e^- \rightarrow 2Cr^{3+} + 7H_2O$)

▷ 酸性下：$2CrO_4{}^{2-} + 2H^+ \rightarrow Cr_2O_7{}^{2-} + H_2O$

▷ 塩基性下：$Cr_2O_7{}^{2-} + 2OH^- \rightarrow 2CrO_4{}^{2-} + H_2O$、$2CrO_4{}^{2-} + H^+ \rightleftarrows Cr_2O_7{}^{2-} + OH^-$

□ Mn（マンガン）：主な酸化数は Mn(0), $MnCl_2$ (+2), MnO_2 (+4), $KMnO_4$ (+7)

□ $MnO_4{}^-$（赤紫色）は酸化剤

▷ 硫酸酸性下：$MnO_4{}^- + 8H^+ + 5e^- \rightarrow Mn^{2+} + 4H_2O$（酸化数：$+7 \rightarrow +2$）

▷ 中性・塩基性下：$MnO_4{}^- + 2H_2O + 3e^- \rightarrow MnO_2 + 4OH^-$（酸化数：$+7 \rightarrow +4$、酸化力は酸性時より弱くなる）

□ 金属イオンの沈殿

▷ $NO_3{}^-$ は全て水によく溶ける

▷ $SO_4{}^{2-}$：$CaSO_4$, $SrSO_4$, $BaSO_4$, $PbSO_4$（全て白色）

▷ Cl^-：AgCl（過剰の NH_3 水に溶ける）, PbCl（熱水に溶ける）, Hg_2Cl_2（一価の水銀）

▷ $CrO_4{}^-$：$BaCrO_4$（黄色）, $PbCrO_4$（黄色）, Ag_2CrO_4（赤褐色）

▷ OH^-：アルカリ金属・アルカリ土類金属以外は沈殿（$Ca(OH)_2$ と $Sr(OH)_2$ はあまり溶けない）、AgOH はただちに Ag_2O へと変化、白色以外のものは $Cu(OH)_2$（青白色）, $Fe(OH)_2$（淡緑色）, $Fe(OH)_3$（赤褐色）, Ag_2O（褐色）、過剰に NaOH 水溶液を加えると両性元素は錯イオンを形成し溶解

▷ H_2S：1 族、2 族は液性に関わらず沈殿しない、塩基性下では Al^{3+} が $Al(OH)_3$ で沈殿、その他は硫化物で沈殿、酸性下では Cd（カドミウム）と Sn～Ag が硫化物で沈殿、Fe^{3+} は Fe^{2+} に還元される、黒色以外のものは CdS（黄色）, MnS（淡赤色）, ZnS（白色）, SnS（褐色）

▷ NH_3 水：水酸化物が沈殿、Ag^+ は Ag_2O が沈殿、過剰に NH_3 を加えると Ag, Cu, Zn, Ni は錯イオンを形成して溶解

□ 金属イオンの系統分離

① HCl を加える：Ag^+, Pb^{2+}, $Hg_2{}^{2+}$（一価の水銀）

② H_2S を通じる：Sn^{2+}, Cd^{2+}, Cu^{2+}、Hg^{2+}（二価の水銀）

③ 煮沸後、HNO_3 を加えて Fe^{2+} を Fe^{3+} に酸化したのち、NH_3 と NH_4Cl を加える：Fe^{3+}, Cr^{3+}, Al^{3+}（三価のイオンだけが沈殿）

④ H_2S を通じる：Zn^{2+}, Ni^{2+}, Mn^{2+}, Co^{2+}

⑤ $(NH_4)_2CO_3$ を加える　Ca^{2+}, Sr^{2+}, Ba^{2+}（アルカリ土類金属の炭酸塩が沈殿）

⑥ 残りは炎色反応によって確認：Mg^{2+}, Na^+, K^+

□ 銅合金

▷ 黄銅（真鍮（しんちゅう））：銅と亜鉛の合金、楽器や五円硬貨に使用されている

▷ 青銅：銅とスズの合金、銅像や十円硬貨に使用されている

▷ 白銅：銅とニッケルの合金、五十円硬貨や百円硬貨に使用されている

□ ジュラルミン：アルミニウムや銅などの合金、軽くて強い、航空機などに使用されている

□ ステンレス鋼（こう）：鉄やクロムなどの合金、さびにくい

有機

概論

- □ 官能基：ヒドロキシ基：$-OH$、エーテル基：$-O-$、カルボニル基：$-CO-$、ホルミル（アルデヒド）基：$-CHO$、カルボキシ基：$-COOH$、エステル基：$-COO-$、ニトロ基：$-NO_2$、アミノ基：$-NH_2$、スルホ基：$-SO_3H$
- □ 有機化合物の表し方（例：酪酸（らくさん））
  - ▷ 組成式（元素分析ではこれが求まる）：C_2H_4O
  - ▷ 分子式：$C_4H_8O_2$
  - ▷ 示性式（官能基（ここではカルボキシ基）を明示）：C_3H_7COOH
  - ▷ 簡略構造式（省略法はいくつかあり）：$H_3C-CH_2-CH_2-COOH$
  - ▷ 構造式：省略
- □ 不飽和度：(C 原子数) $+ 1 -$ H 原子数/2 $+$ N 原子数/2
- □ 構造異性体：骨格異性体、位置異性体、官能基異性体
- □ 立体異性体：シス-トランス（幾何）異性体、鏡像（光学）異性体、ジアステレオ異性体（ジアステレオマー）、メソ体

炭化水素

- □ アルカン (C_nH_{2n+2})：正四面体構造、分子量大で高沸点、枝分かれが少ない方が高沸点、ハロゲンと混合して光を当てると置換反応、$n \geqq 4$ で骨格異性体、$n \geqq 7$ で鏡像異性体が存在
- □ メタンの製法：$CH_3COONa + NaOH \rightarrow Na_2CO_3 + CH_4$（要加熱）、水上置換
- □ シクロアルカン (C_nH_{2n})：アルケンの構造異性体、性質はアルカンに似る
- □ アルケン (C_nH_{2n})：二重結合している炭素とそれに結合している原子は同一平面上、$n \geqq 4$ ではシス-トランス異性体が存在
- □ アルケンの反応
  - ▷ 付加反応：臭素は容易に付加、臭素水では $-Br$ と $-OH$ が付加、H_2 は Ni や Pt 触媒で付加
  - ▷ 酸化反応：$KMnO_4$ 水溶液に通じると水溶液が脱色
  - ▷ 付加重合：二重結合の片方が切れて次々とつながり高分子に
- □ エチレンの製法：エタノールに濃硫酸を加えて 160〜170°C で油浴 ($C_2H_5OH \rightarrow C_2H_4 + H_2O$)、水上置換
- □ シクロアルケン (C_nH_{2n-2})：アルキン・アルカジエンの構造異性体、性質はアルケンに似る
- □ アルキン (C_nH_{2n-2})：Pt や Ni, Pd（パラジウム）を触媒下で H_2 が付加して最終的にアルカンに、触媒によってはアルケンで水素付加が停止、臭素付加はアルケンより起こりにくい、水を付加するとアルデヒド生成
- □ アセチレンの製法：カーバイドに水を加えて水上置換 ($CaC_2 + 2H_2O \rightarrow Ca(OH)_2 + C_2H_2$)
- □ アセチレンまたは末端に三重結合を持つアルキンをアンモニア性硝酸銀水溶液に通じると $AgC \equiv CAg$（銀アセチリド）が沈殿
- □ 1 価アルコール：第一級、第二級、第三級アルコールに分類、分子量が同じとき沸点は第一級 $>$ 第二級 $>$ 第三級、同じ級では 直鎖 $>$ 分岐あり
- □ 2 価アルコール：エチレングリコール（不凍液）など
- □ 3 価アルコール：グリセリンなど
- □ メタノール (CH_3OH)：有毒、工業的には CO と H_2 を合成
- □ エタノール (C_2H_5OH)：アルコール飲料や消毒液などに使用される、工業的にはリン酸触媒でエチレンに水を付加して得る
- □ アルコールにナトリウムを加えると水素が発生

☐ アルコールの酸化：第一級→アルデヒド→カルボン酸、第二級→ケトン、第三級は酸化されない

☐ アルコールの脱水：濃硫酸を加え 130〜140°C に熱すると分子間脱水が起こりエーテル生成、160〜170°C に熱すると分子内脱水が起こりアルキン生成

☐ エーテル (R_1-O-R_2)：アルコールの構造異性体、同分子量のアルコールと比べて沸点が低い、ジエチルエーテル ($C_2H_5OC_2H_5$) は有機溶媒として使用

☐ アルデヒド ($R-CHO$)：第一級アルコールを酸化して得る、ホルムアルデヒド ($HCHO$)、アセトアルデヒド (CH_3CHO)、還元作用

☐ 加熱した銅線 (CuO) をエタノールに近づけると酸化還元反応でホルムアルデヒドが生成

☐ フェーリング反応：アルデヒドがフェーリング液に含まれる Cu^{2+} を還元して Cu_2O が赤色沈殿

☐ 銀鏡反応：アルデヒドがアンモニア性硝酸銀水溶液を還元して銀が析出

☐ ケトン (R_1-CO-R_2)：第二級アルコールを酸化して得る、触媒を使い H_2 を付加すると第二級アルコールに戻る、アセトン (CH_3COCH_3)

☐ ヨードホルム反応：CH_3CO- を持つケトンとアルデヒド、$CH_3CH(OH)-$ を持つ第二級アルコールで見られる反応、カルボン酸・エステルでは起こらない、特有の匂いを持つヨードホルム (CHI_3) が黄色沈殿

☐ カルボン酸 ($R-COOH$)：水溶液は弱酸性、水素結合によって二量体を形成、同分子量のアルコールに比べて沸点が高い

☐ $HOOC-HC=CH-COOH$：マレイン酸（シス型）、フマル酸（トランス型）

☐ 酸無水物：酢酸を十酸化四リンで脱水すると無水酢酸 ($(CH_3CO)_2O$)、マレイン酸を加熱すると無水マレイン酸、フマル酸では脱水は起こらない

☐ エステル ($R_1-COO-R_2$)：カルボン酸とアルコールに濃硫酸を加えて加熱すると縮合してエステルを生成、エステルに希硫酸を加えるとカルボン酸とアルコールに加水分解（水だけでも加水分解するが酸で反応促進）、NaOH 水溶液を加えるとカルボン酸の塩とアルコールを生じる鹸化

☐ $-COOH$ を一つ持つものは 1 価カルボン酸（脂肪酸）、二つ持つもの（シュウ酸など）は 2 価カルボン酸

☐ 硝酸エステル ($-ONO_2$) と硫酸エステル ($-OSO_3H$) も広義のエステル

☐ 油脂：3 価アルコールのグリセリンと高級脂肪酸（炭素数の多い 1 価の鎖式カルボン酸）のエステル

☐ 鹸化価：$56 \times 3 \times 1000/$油脂の分子量、油脂 1 g を鹸化するのに必要な KOH の質量〔mg〕、価が高いほど油脂の分子量は小さい

☐ ヨウ素価：$254 \times 100 \times n/$油脂の分子量、油脂 100 g に付加する I_2 の質量〔g〕、価が高いほど油脂に含まれる二重結合の数 (n) が多い

☐ セッケン ($R-COONa$)：油脂を鹸化して得られる脂肪酸のナトリウム塩、界面活性剤、親水基 ($-COONa$)、疎水基、乳化作用、ミセル、浸透作用

☐ 合成洗剤：アルコールを硫酸でエステル化することで得られる、中性洗剤、硬水中でも洗浄力を失わない

ベンゼン環

☐ ベンゼン (C_6H_6)：特有の匂い、発がん性物質、構造はケクレによって明らかにされた、アルケンやシクロアルカンと違い付加反応や酸化反応は起こらない、アセチレンを赤熱した鉄管に通すと三分子が重合してベンゼン生成

□ ベンゼンのハロゲン化：鉄粉を触媒として Cl_2 と反応させるとクロロベンゼン (C_6H_5Cl) が生成

□ ベンゼンのニトロ化：ベンゼンに混酸（濃硝酸と濃硫酸の混合物）を加えて約 60°C に熱するとニトロベンゼン ($C_6H_5NO_2$) が生成（温度を上げすぎるとベンゼン蒸発（沸点 80°C））

□ ベンゼンのスルホン化：ベンゼンに濃硫酸を加えて熱するとベンゼンスルホン酸 ($C_6H_5SO_3H$) が生成

□ ベンゼンの付加反応：条件を整えると付加反応が起こる、Pt や Ni 触媒下で高温・高圧で H_2 を反応させるとシクロヘキサン (C_6H_{12}) を生じる、光を当てながら Cl_2 を作用させると $C_6H_6Cl_6$ を生じる

□ 芳香族炭化水素：トルエン ($C_6H_5CH_3$)、キシレン ($C_6H_4(CH_3)_2$)、スチレン ($C_6H_5CH=CH_2$)、ナフタレン ($C_{10}H_8$)

□ フェノール (C_6H_5OH)：弱酸、ナトリウムを加えると水素が発生、フェノール類は塩化鉄 (III) 赤紫や青紫色を呈色

□ フェノールの合成法：クメン法・クロロベンゼン経由・ベンゼンスルホン酸経由がある

□ フェノール類：クレゾール ($C_6H_4(CH_3)OH$)、ナフトール ($C_{10}H_7OH$)

□ 芳香族カルボン酸：安息香酸 (C_6H_5COOH)、フタル酸 ($C_6H_4(COOH)_2$)、サリチル酸 ($C_6H_4(OH)COOH$)

□ サリチル酸の合成

▷ $C_6H_5OH + NaOH \rightarrow C_6H_5ONa + H_2O$

▷ $C_6H_5ONa + CO_2$（高圧）$\rightarrow C_6H_4(OH)COONa$

▷ $C_6H_4(OH)COONa + HCl \rightarrow C_6H_4(OH)COOH + NaCl$

□ サリチル酸メチル ($C_6H_4(OH)COOCH_3$)：サリチル酸とメタノールをエステル化、鎮痛塗布薬

□ アセチルサリチル酸 ($C_6H_4(OCOCH_3)COOH$)：サリチル酸を無水酢酸でアセチル化、解熱鎮痛剤

□ 配向性

▷ オルト・パラ配向性：$-OH,\ -NH_2,\ -CH_3,\ -Cl$

▷ メタ配向性：$-NO_2,\ -SO_3H,\ -COCH_3,\ -CHO,\ -COOH$

□ アニリン ($C_6H_5NH_2$) の合成

▷ $2C_6H_5NO_2$（ニトロベンゼン）$+ 3Sn + 14HCl \rightarrow 2C_6H_5NH_3Cl + 3SnCl_4 + 4H_2O$

▷ $C_6H_5NH_3Cl + NaOH \rightarrow C_6H_5NH_2 + NaCl + H_2O$

□ アゾ染料の合成

▷ ジアゾ化：$C_6H_5NH_2 + HCl \rightarrow C_6H_5NH_3Cl$

▷ $C_6H_5NH_3Cl + NaNO_2 + HCl \rightarrow C_6H_5N_2Cl + NaCl + 2H_2O$

▷ カップリング：$C_6H_5N_2Cl + C_6H_5ONa \rightarrow C_6H_5N=NC_6H_4OH + NaCl$

▷ $C_6H_5N=NC_6H_4OH$ は布を橙色に染色

□ 酸の強さ：$HCl, HNO_3, H_2SO_4 >$ ベンゼンスルホン酸 $>$ カルボン酸 $>$ 炭酸 $>$ フェノール類

□ 塩基の強さ：$NaOH > NH_3 >$ アニリン

□ 有機化合物の分離

▷ 試料を含むジエチルエーテル溶液に HCl を加えると塩基性アミン（アニリン等）が水層（下層）に移動

▷ エーテル層（上層）を取り出して $NaHCO_3$ 水溶液を加えるとカルボン酸が水層に移動

▷ エーテル層を取り出して NaOH 水溶液を加えるとフェノール類が水層に移動

▷ 残ったエーテル層にニトロ化合物や炭化水素（トルエン等）が含まれる

重合物質・糖・タンパク

□ 単量体（モノマー）、重合体（ポリマー）、重合度

□ 平均分子量、結晶領域、非結晶領域

□ 重合と縮合

▷ 付加重合：不飽和結合が開いて連続的に付加反応して重合する反応、ポリエチレンなど

▷ 縮合重合：単量体の分子間から水のような簡単な分子が撮れて縮合反応しながら重合する反応、ナイロン 66 など

▷ 開環重合：環状の単量体が環を開きながら重合する反応、ナイロン 6 は ε（イプシロン）-カプロラクタムが開環重合したもの

▷ 付加縮合：付加反応と縮合重合が繰り返される、フェノール樹脂や尿素樹脂など

□ 熱可塑性樹脂：熱を加えると軟らかくなる、鎖状構造をとるものが多い

□ 熱硬化性樹脂：熱を加えると硬くなる、付加縮合で合成されるものが多く、立体網目状構造をとるものが多い

□ 合成繊維

▷ ナイロン 66：アジピン酸 ($HOOC-(CH_2)_4-COOH$) とヘキサメチレンジアミン ($H_2N-(CH_2)_6-NH_2$) が縮合重合してアミド結合で繋がったもの

▷ ビニロン：酢酸ビニル ($CH_2=CH-OCOCH_3$) を付加重合した後、鹸化してポリビニルアルコールにしてホルムアルデヒド (HCHO) でアセタール化することで得られる

▷ 再生繊維：銅アンモニアレーヨン、ビスコースレーヨン

▷ 半合成繊維：アセテート

□ イオン交換樹脂：置換基は陽イオン交換樹脂が $-SO_3H$、陰イオン交換樹脂が $-CH_2N^+(CH_3)_3OH^-$

□ ヘキソース（六炭糖）、ペントース（五炭糖）、自然界に存在するのは D 体

□ 単糖 ($C_6H_{12}O_6$)

▷ グルコース（ブドウ糖）：還元性あり、水溶液中では 3 種の異性体が存在

▷ フルクトース（果糖）：還元性あり、水溶液中では五員環を含む 5 種の異性体が存在

□ 二糖 ($C_{12}H_{22}O_{11}$)

▷ マルトース（麦芽糖）：二分子の α-グルコースが 1 位と 4 位でグリコシド結合したもの、還元性あり

▷ セロビオース：二分子の β-グルコースが 1 位と 4 位でグリコシド結合したもの、還元性あり

▷ スクロース（ショ糖）：α-グルコースの 1 位と五員環フルクトースの 2 位でグリコシド結合したもの、還元性なし

□ 多糖

▷ アミロース：α- 1, 4 -グリコシド結合、枝分かれが少ない、分子量はやや小さい、マルトース単位

▷ アミロペクチン：α- 1, 6 -グリコシド結合、枝分かれが多い、分子量は大きい、デンプンの約 8 割を占める

▷ グリコーゲン：アミロペクチンよりさらに枝分かれが多い、動物デンプンとも呼ばれ肝臓に多く含まれる

▷ デンプン：アミロースとアミロペクチンの混合物

□ ヨウ素デンプン反応：アミロースは青紫色、アミロペクチンは赤紫色を呈色、加熱すると色が消失するが冷却すると再び呈色

- □ セルロース：β- 1, 4 -グリコシド結合、セロビオース単位、植物繊維に多く含まれる
- □ 構成元素
  - ▷ タンパク質：C, H, O, N, S
  - ▷ 脂質：C, H, O, P
  - ▷ 核酸：C, H, O, N, P
- □ α-アミノ酸：20 種類、必須アミノ酸が 9 種類、自然界には L 体が多く存在（D 体もある）
- □ 酸性アミノ酸：アスパラギン酸とグルタミン酸の 2 種類
- □ 塩基性アミノ酸：アルギニン、リシン、ヒスチジンの 3 種類
- □ アミノ酸の等電点：pH6.0 前後、酸性アミノ酸は pH3.0 前後、塩基性アミノ酸は pH9.0 前後
- □ ニンヒドリン反応：アミノ酸にニンヒドリン水溶液を加えて加熱すると赤紫～青紫色に呈色する
- □ ペプチド結合、ジペプチド、トリペプチド、ポリペプチド
- □ タンパク質の構造
  - ▷ 一次構造：ペプチド（アミド）結合で繋がった一本のポリペプチド鎖
  - ▷ 二次構造：右巻き（反時計回りに上る螺旋階段に同じ）らせん状構造（α-へリックス）と二本の並行なポリペプチド鎖によるシート状構造（β-シート）がある、いずれも水素結合によって形成
  - ▷ 三次構造：二次構造をとったペプチド鎖がさらに複雑に折りたたまれた構造、イオン結合やジスルフィド結合によって形成、ミオグロビンなど
  - ▷ 四次構造：三次構造のポリペプチドがいくつか集合してできる、ヘモグロビンなど
- □ ビウレット反応：トリペプチド以上を含む水溶液に NaOH 水溶液を加えた後、少量の $CuSO_4$ 水溶液を加えると赤紫色に呈色
- □ キサントプロテイン反応：タンパク質水溶液に濃硝酸を加えると黄色になり、冷却後に NH_3 水を加えると橙黄色になる、芳香族アミノ酸を検出
- □ 硫黄の検出：酢酸鉛（Ⅱ）水溶液加えると PbS の黒色沈殿を生じる、メチオニンかシステインの少なくとも一方が含まれる
- □ 酵素の特徴：基質特異性、最適温度（一般に体温付近）、最適 pH
- □ ゴム：加熱で縮む、加硫の度合いによって性質が異なる

核酸・ATP

- □ ATP ⇄ ADP ＋ 約 30 kJ（高エネルギーリン酸結合）
- □ ヌクレオチド：リン酸・糖・塩基からなる
- □ DNA：デオキシリボース、二重らせん構造
- □ RNA：リボース、単一鎖
- □ リン酸構成
  - ▷ DNA と RNA に共通：アデニン (A)、グアニン (G)、シトシン (C)
  - ▷ DNA のみ：チミン (T)
  - ▷ RNA のみ：ウラシル (U)
- □ プリン基質：アデニン、グアニン
- □ ピリミジン基質：シトシン、チミン、ウラシル
- □ 塩基の相補性：アデニンとチミンは 3 箇所、グアニンとシトシンは 2 箇所で水素結合を形成

あと5分!大学受験まとめノート【化学】

2022年10月23日 初版 発行
著　者　『あと5分 化学!』製作チーム（あとごふんかがくせいさくちーむ）
発行者　星野 香奈（ほしの かな）
発行所　同人集合 暗黒通信団（http://ankokudan.org/d/）
〒277-8691 千葉県柏局私書箱54号 D係
本　体　200円 / ISBN978-4-87310-247-4 C7043

乱丁・落丁は覚えていることで補完!

Printed in Japan